青少年科学素养提升文库

启蒙科学：趣味实验随手玩

进阶

马立涛　曹　伟　编著

江苏省青少年科技中心
江苏省科普服务中心
江苏省青少年科技教育协会
江苏省学会服务中心
组织编写

南京大学出版社

图书在版编目（CIP）数据

启蒙科学：趣味实验随手玩. 进阶 / 马立涛，曹伟编著. -- 南京：南京大学出版社，2025. 4. --（青少年科学素养提升文库）. -- ISBN 978-7-305-29186-9

Ⅰ. N33-49

中国国家版本馆 CIP 数据核字第 2025F5U562 号

出版发行 南京大学出版社
社　　址 南京市汉口路 22 号　　邮　　编 210093

丛 书 名 青少年科学素养提升文库
书　　名 启蒙科学：趣味实验随手玩（进阶）
QIMENG KEXUE：QUWEI SHIYAN SUISHOU WAN（JINJIE）
编　　著 马立涛　曹　伟
策划编辑 苗庆松
责任编辑 刘　琦　　编辑热线 025-83621412

照　　排 南京开卷文化传媒有限公司
印　　刷 盐城市华光印刷厂
开　　本 787 mm×1092 mm　1/16　印张 7.25　字数 70 千
版　　次 2025 年 4 月第 1 版　2025 年 4 月第 1 次印刷
ISBN 978-7-305-29186-9
定　　价 29.80 元

网　　址：http：//www.njupco.com
官方微博：http：//weibo.com/njupco
微信服务号：njuyuexue
销售咨询热线：（025）83594756

编审委员会

编者的话

未来的社会需要什么人才呢，科技人才无疑是需要的。我们的孩子要适应这个社会，需要具备探究能力、动手能力、实践能力、创新能力。培养这些能力的前提，是让孩子具备学习的兴趣，对世界充满好奇心，能够自主地学习。教育家苏霍姆林斯基说过：“有了兴趣才会去探索，去研究，去发现，去思考……”

如何培养孩子对科学的兴趣呢？很简单，给孩子一本有趣的科学实验书，通过亲手实验，感受科学的神奇，孩子就会轻松爱上科学。

爱迪生 9 岁时，妈妈送给他一本科学实验的书，爱迪生从此迷上了神奇的科学世界。他在地窖里建立了自己的科学实验室，把书中的实验都做了一遍，充分享受到了科学实验带来的乐趣。爱因斯坦 5 岁时，爸爸送给他一个小小的指南针。不管他如何转动身子，那根细细的红色磁针总是顽固地指向北方。他对此感到十分惊奇，第一次知道有一种力量，眼睛看不见，手也触摸不到，却真实地存在着。

一本科学实验书，一个小小的指南针，唤起了爱迪生和爱因斯坦的好奇心。而这种好奇心，正是萌生科学思想的幼苗。在许多科学家的回忆录里，他们都对自己年少时玩的一些科学小实验记忆犹新，认为正是这些小实验让自己爱上科学，走上科学之路。本书适合小学生使用（实验很有趣，有兴趣的中学生也可一试），并根据不同年级所需要掌握的科学知识点，将实验分为了初阶版和进阶版。初阶版适合低年级孩子阅读，进阶版适合中高年级孩子阅读。当然，科学实验并没有严格的年龄划分，只要孩子喜欢，中高年级孩子可以阅读初阶版，低年级孩子也可以阅读进阶版。

本书介绍的科学实验，涉及物理、化学、生物等学科的相关知识。实验所需器材简单易寻，几乎都能在身边找到。实验操作也较为简单，孩子们大部分可以独立完成，有些实验还可以邀请小伙伴一起完成。希望这些实验能够让孩子进入神奇有趣的科学世界，体验科学的神奇魅力。

为了增加实验的趣味性，每个实验由两名小学生的对话引出。其中，甄知是一名小学五年级女生，她的眼睛就像是小小的探测器，总能在日常的点滴中发现科学的奥秘。校园和家中的每个角落，都是她的实验室。甄理是甄知的弟弟，一名二年级的小男生，简直就是个活脱脱的好奇宝宝和行动派。他的小脑瓜里装满了“为什么”，对世界充满了无限想象与探索欲。希望每个小读者都能成为像甄知、甄理一样的孩子，对世界充满好奇心和探索欲。

在本书付梓之际，要感谢南京大学出版社苗庆松编辑的大力支持！同时也对本书编写过程中提供支持帮助的人员，致以最诚挚的感谢！

【微信扫码】
部分实验小视频

目　录

不可思议的空气

奇妙的液体

神奇的力

变幻莫测的光

声音的奥秘

电与磁的魔力

燃烧三要素

物质间的反应

生物的奥秘

神秘的空间

不可思议的空气

1 杯子“叠罗汉”

甄知：今天我们做个杯子“叠罗汉”的实验。

甄理：杯子“叠罗汉”？这个太简单了。两只杯子扣在一起就行了。

甄知：杯子可不是空的，里面装满了水，而且倒扣在一起时水不能流出来。

甄理：真的吗？这怎么可能？

先来做点准备工作吧

2只相同的小玻璃杯、1张硬纸片、1枚硬币、水

开始行动吧

1 把两只杯子倒满水。

2 选出其中一只杯子，盖上硬纸片，倒扣在另一只杯子上。

3 将两个杯口对齐，轻轻地抽掉中间的纸片，观察杯子中水的变化。

4 小心地将一枚硬币塞进两只杯子间的缝隙，观察杯子中水的变化。

观察现象

轻轻抽掉中间的纸片，上面杯子里的水一滴也不会流出来。将硬币塞进两只杯子间的缝隙中，水也不会流出来。

博士揭秘

是什么导致了杯子“叠罗汉”现象呢？

是水的表面张力。

虽然两个杯口不可能完全密合，但是由于水的表面张力作用，两个玻璃杯的缝隙处的水被水膜包裹起来。瓶内没有大气压力，瓶外的大气压紧紧地把水压在瓶内流不出来。

小拓展

若想让实验更精彩，可以把上面杯子里的水换成有颜色的水。

本实验也可以把两只杯子完全浸没在水中，对准杯口后取出来，实验现象是一样的。

2 不肯分离的碗

甄知：你知道吗？我最近学了一个新实验，可以让两只碗紧紧地粘在一起，拿起一个，另一个也会跟着起来。

甄理：这个实验听起来很有意思，是不是利用了大气压的原理呢？

甄知：真聪明！一下子就想到前面的科学知识了。

先来做点准备工作吧

2 只相同的碗、1 张报纸、热水

开始行动吧

1 把报纸对折 2 次，折成大小相同的 4 页，用水浸湿。

2 在两只碗中倒入热水，等碗变热后，把热水倒掉。

3 把浸湿的报纸覆盖在一只碗上，另一个碗倒扣在报纸上，并将两只碗的碗口对齐。

4 等待 1 分钟，用手提起上面的碗。

小提示

本实验使用了热水，操作时要小心，防止被热水烫伤。

观察现象

用手提起上面的碗，下面的碗也会被提起来。

博士揭秘

水蒸气把部分空气排出碗外，等碗密闭并冷却后，水蒸气凝结成水，碗内气压下降，于是外部大气压力就将两个碗紧紧地压在一起了。当用手提起上面的碗时，下面的碗也就会被提起来。

3 不漏水的小洞

甄知：我把这个塑料瓶装满水，然后扎一个洞，你觉得水会从小洞里流出来吗？

甄理：当然会啊。

甄知：那我来给你做个实验，可以让水不从小洞里流出来。

甄理：真的吗？那我们快来试试吧。

先来做点准备工作吧

1个塑料瓶、1把剪刀

开始行动吧

1 用剪刀尖在塑料瓶底扎一个小洞。

2 用手指堵住小洞，向瓶内注满水，并拧紧瓶盖，确保瓶内没有空气。

3 移开手指。

请注意

塑料瓶底的小洞直径不能太大，否则实验可能会失败。

观察现象

移开手指后，水竟然不会从小洞中流出来。

博士揭秘

为什么水没有从小洞中流出来呢？

当塑料瓶内灌满水，瓶口被瓶盖封住后，气体无法进入，瓶内没有了大气压力。瓶上的小洞处，外界的空气压力远远大于瓶中水的重力，所以，瓶外的大气压把水压在瓶内，使水无法从小洞中流出来。

4 悬空的水

甄知：水会从小孔里流出去吧？

甄理：当然。

甄知：看这个都是网眼的笊篱，能把水拦住吗？

甄理：这个不是很明显吗，水肯定会全部流出去的。

先来做点准备工作吧

1只玻璃杯、1个笊篱、水

开始行动吧

1 在玻璃杯中注满水，把笊篱盖在杯口。

2 抓紧玻璃杯和笊篱，迅速把杯子倒转过来。

小提示

笊篱的网眼不能太大，否则水会流出来。

观察现象

玻璃杯口朝下，水却悬在杯中，被满是网眼的笊篱拦住了，一滴也没有流出来。

博士揭秘

水为什么没有流出来呢？

水的表面张力使得笊篱的网眼处形成了一层水膜。外界的大气压从下向上，作用在网眼的水膜上，托住了杯中的水，所以杯子里的水是不会漏出来。

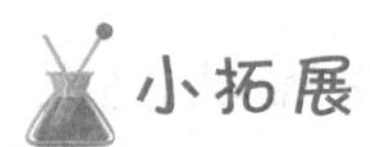

小网眼的漏勺、丝网、纱布、丝袜也可以做这个实验。

5 大小气球的战斗

甄理：如果将一个大气球和一个小气球通过吸管连接起来，它们会发生怎样的变化呢?

甄知：可能是大气球变小，小气球变大，或者大气球更大，小气球更小吧。

甄理：我们一起来做这个实验吧。

先来做点准备工作吧

2 个气球、2 个衣夹、1 根吸管、2 根细线

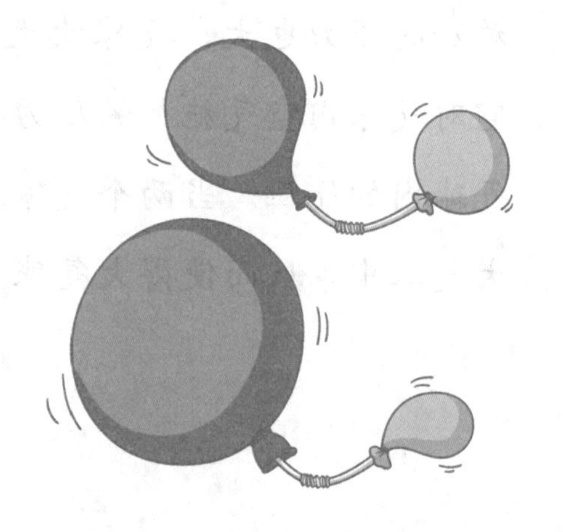

开始行动吧

1 吹起一个大气球，用衣夹固定气球嘴，使里面的空气不会逸出。

2 将吸管插入气球嘴中，然后用细线将气球嘴和吸管紧紧系在一起，防止漏气。

3 再吹一个小气球，用衣夹夹住气球嘴。

4 将吸管的另一端插进第二个气球嘴中，然后用细线把吸管与气球嘴系在一起。

5 双手捏住衣夹，同时撤掉两个衣夹，大气球和小气球通过吸管连接在一起。

观察现象

大气球变得更大，小气球变得更小了。

博士揭秘

为什么会产生这种现象呢？

吹气球时，我们都有这样的感受：开始吹气球时，会感到很费力，直到气球超过一定体积后，才变得容易起来。这是因为气球刚被吹起时，气球皮弹力产生的收缩压力大，它对气球内空气施加的压力也大；气球吹大时，气球皮弹力产生的收缩压力小，它对气球内空气施加的压力也小。因此，小气球内的气压大于大气球内的气压。当两个气球连通后，小气球里的气体就会被压入大气球中，从而使得大气球更大，小气球更小。

6 乒乓球真“倔”

甄理：我手中有个“倔强”的乒乓球。

甄知：哈哈，乒乓球还这么有个性。

甄理：当然，这个乒乓球用水去冲，怎么都冲不走。

甄知：听起来很有意思，给我看看吧。

先来做点准备工作吧

1只乒乓球、1个水盆、1只水壶、水

开始行动吧

1 往水盆里倒进一些水，将乒乓球放入盆中，球浮在水面。

2 将水壶灌满水，出水口对准乒乓球用力冲击。

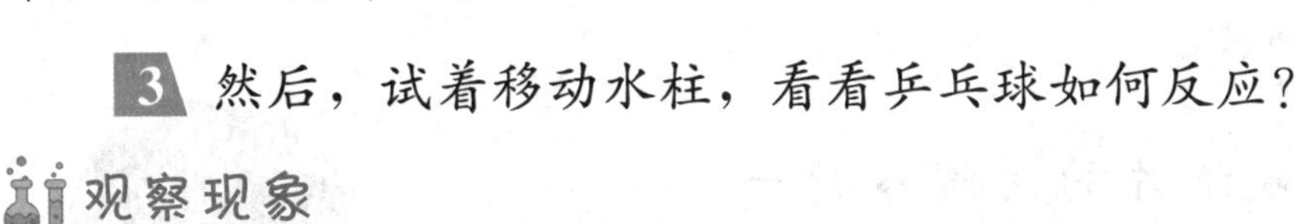

3 然后，试着移动水柱，看看乒乓球如何反应？

观察现象

即使乒乓球被冲得不停翻滚，但是始终待在水柱中央，不会跑到水柱外面去。移动水柱时，乒乓球会跟着水柱一起移动。

博士揭秘

乒乓球为什么没有被冲走呢？这是伯努利原理在“作怪”。

根据伯努利原理，水流的速度越大，压强越小。上方的水流冲击乒乓球，贴近乒乓球的水流速度大，压强小，而外层的水流速度小，压强大。在这些压力的作用下，乒乓球被牢牢地“定”在水柱中央。当水柱移动时，乒乓球也会在压力的作用下，跟着水柱移动。

7 吹不翻的纸桥

甄知：你一口气能把一张小纸片吹起来吗？

甄理：肯定能啊。你看我一口气能把纸片吹得高高的。

甄知：不过，我给你的这张纸片，你肯定吹不起来。

甄理：那我来试试。

先来做点准备工作吧

1 张长条形的硬纸片

开始行动吧

1 将硬纸片的两端各折一下，折成订书钉的形状（“π”形）。

2 以折过的两头作为“桥墩”，将硬纸片摆成一座简易纸桥，

放在桌子上。

3 近距离对着纸桥下方的开口吹气。

观察现象

无论怎样用力吹，纸桥都不会被吹翻。

博士揭秘

当你朝纸桥吹气时，空气快速从桥下流过，这样，桥下方的空气压强就比桥外围的气压小。你吹得越用劲，桥下的气压就越小，桥外围的气压就会紧紧压着纸桥，让它稳稳地立在桌子上。

小拓展

如果在野外露营时遇到大风，帐篷就有可能被掀翻。这时候只要顺着风向掀开帐篷，让风穿堂而过，帐篷就不会被吹翻了。

8 吸管喷雾

甄理：我设计了一个喷雾装置。

甄知：喷雾装置？

甄理：是的，只要你用力吹气，它就能喷出水雾。

先来做点准备工作吧

1 根吸管、1 只玻璃杯、1 把剪刀、水

开始行动吧

1 按照 1∶2 的比例，用剪刀把吸管剪成一长一短的两段。

2 在玻璃杯中倒入水，将短吸管插进水里，长吸管和短吸管摆成直角，同水面平行。

3 用力在长吸管一端吹气。

观察现象

可以看到水雾从短吸管里喷出来。

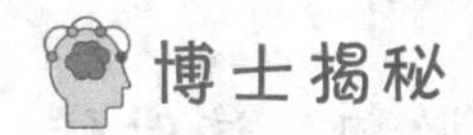

博士揭秘

根据伯努利原理，从长吸管吹气时，空气流经短吸管口，导致短吸管口处的气压低，水面的大气压力就会把水从短吸管里挤压上来。喷出来的水，又被长吸管吹出来的气吹成水雾状。

9 漏斗吹蜡烛

甄知：请把这根蜡烛吹灭。

甄理：这个简单，一下就能吹灭嘛。

甄知：现在给你加个漏斗，请你用漏斗把蜡烛吹灭。

甄理：这个肯定更简单。咦，怎么吹不灭了？

先来做点准备工作吧

1 张纸、1 支蜡烛、1 盒火柴（或打火机）

开始行动吧

1 把纸卷成漏斗形状。

2 点燃蜡烛，用漏斗大口一侧的中心对准蜡烛的火焰。

3 在漏斗小口一端，用力向里吹气。

观察现象

不管你多用力，蜡烛都不会被吹灭，而且火焰还“挑衅”似的向漏斗方向跳动。

博士揭秘

空气有沿着物体表面流动的特性。吹进漏斗的空气会沿着漏斗内侧表面流动，几乎没有气流到达漏斗大口的中心附近，所以无法吹灭蜡烛。

火焰向漏斗方向跳动，可以用伯努利原理解释。由于空气沿漏斗的表面流动，进而在漏斗中形成低压区，因此空气会自动从高压区向低压区流动，而蜡烛的火焰正好位于空气由高压区向低压区流动的通路上，所以它会向漏斗方向跳动。

10 奇妙的回旋镖

甄理：姐姐快来看，这部影片讲述了利用自制的回旋镖狩猎野兔的故事，真有趣。

甄知：利用回旋镖狩猎是件非常困难的事情，击中猎物的概率非常低。不过，我们倒是可以自制一个回旋镖。

甄理：那真是太好了！

先来做点准备工作吧

1 个牛奶盒、1 把剪刀、1 卷胶带、1 瓶胶水

开始行动吧

1 将牛奶盒拆开，用剪刀剪出 4 条长 20 厘米、宽 3 厘米的纸板，然后两张一组重叠，用胶水粘好。

2 把粘好的纸板中间交叉，成十字，正反面都用胶带固定。

3 将两张纸板都折成中央微微凸起的样子，一个十字形的回旋镖就制作成功了。

4 拿起回旋镖，使十字形纸板的凸起处朝向自己的脸，板面垂直于地面，然后将它投掷出去。

观察现象

投掷出去的回旋镖，会在空中飞出一个圆弧，最后飞回到你身边。

博士揭秘

回旋镖在飞行过程中，凸面的气流速度快，凹面的气流速度慢，根据伯努利原理，气流快的地方气压小，因此两面的气压差会让它向凸面的方向飞行。因此，只要投掷时让回旋镖的凸起处朝向自己的脸，它就会飞回来的。

小拓展

回旋镖，也被称为飞去来器，顾名思义就是飞出去后会再飞回来的意思。它的形状很多，以“V”字形、香蕉形、三叶形、十字形为主。“V”字形、香蕉形曾是澳大利亚土著人的传统狩猎工具所使用的形状。猎手向猎物投出回旋镖，如果没有击中猎物，它会神奇地飞回猎手的身边。

11 旋转洒水

甄理：昨晚在广场上看到的旋转喷泉真漂亮。

甄知：是啊。我们今天也做一个简易的旋转喷泉吧。

甄理：你真厉害，这个也能做出来吗？

甄知：让我们来试试。

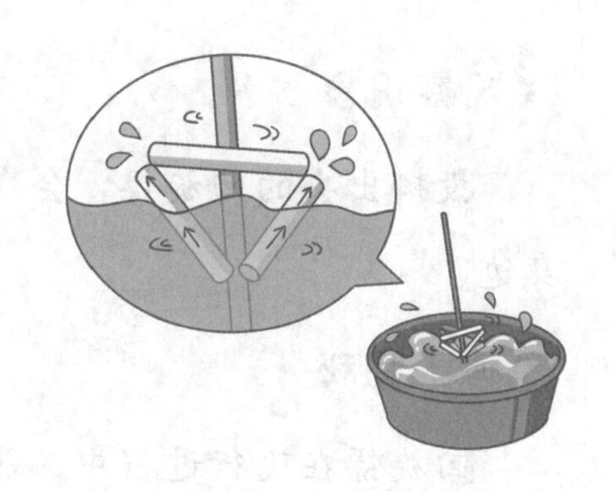

先来做点准备工作吧

1根竹签、1根塑料吸管、1卷胶带、1把剪刀、1个水盆、水

开始行动吧

1 在吸管的中间部位，用竹签刺穿吸管，将吸管拉至竹签中下部。

2 距离吸管中间位置2厘米的地方，用剪刀在吸管左右两边各剪开一个口，注意不要剪断。

3 将剪开的吸管朝竹签方向折，形成三角形，并用胶带固定好。

4 在盆中倒入水，把制作好的装置放入水中。

5 用手转动竹签，让装置快速旋转。

观察现象

当装置旋转起来时，水会从吸管的两头源源不断地喷出来，形成一个小喷泉。

博士揭秘

根据伯努利原理，吸管旋转时，上方管口处的空气流速快，气压低，水盆中的水在外界大气压作用下，被压进吸管，然后从吸管口处喷出。

12 冷暖无常的气球

甄知：据说气球在被吹胀和放气时，表面温度是不一样的。

甄理：真的是这样吗？

甄知：我们来验证一下，感受下气球吹气和放气时到底有什么不同。

先来做点准备工作吧

1 个气球

开始行动吧

1 让伙伴将气球贴着你的脸颊吹气。

2 继续让气球贴着你的脸，慢慢地把气球里的气放掉。

观察现象

当伙伴将气球贴着你的脸颊吹气时，你会有暖暖的感觉；当慢慢地把气球里的气放掉时，你会有凉凉的感觉。

博士揭秘

气球吹气膨胀的过程中，气球内的空气不断被压缩，温度会上升。相反，放气时气体对外做功，内能减少，温度就会下降。

小拓展

给自行车的车胎打气时，打气筒的金属管会变得温热，这是由于打气筒中的空气被压缩，温度上升导致的。

13 空中旋转的纸蛇

甄理：看，这是我剪的纸蛇，像不像一条真蛇？

甄知：的确很像。不过你能让这条纸蛇自己动起来吗？

甄理：那让我想想。纸蛇要动起来，必须给它一个力才行呢。

先来做点准备工作吧

1支铅笔、1张白纸、1把剪刀、1根细线、1支蜡烛、1盒火柴（或打火机）

开始行动吧

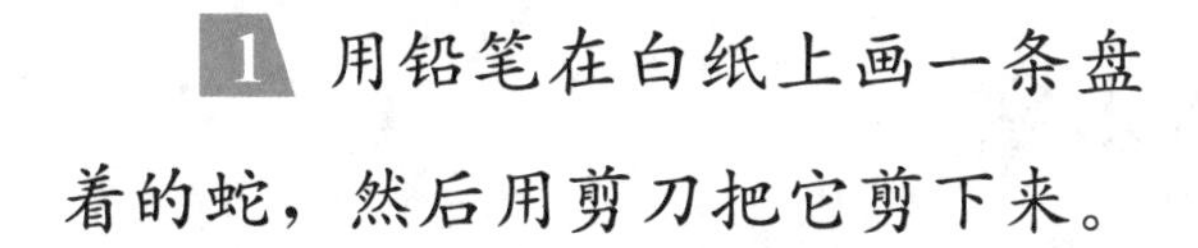

1 用铅笔在白纸上画一条盘着的蛇，然后用剪刀把它剪下来。

2 用铅笔笔芯在纸蛇尾中间刺一个小洞，用细线一端穿过去，系起来。

3 点燃蜡烛，把纸蛇悬在蜡烛的火焰上方。

观察现象

纸蛇放在燃烧的蜡烛上方时，开始旋转起来。

博士揭秘

纸蛇为何会旋转起来呢？

纸蛇旋转是因为受到了空气的力量。蜡烛的火焰产生热量，让空气受热上升，推动纸蛇旋转起来。

小拓展

孔明灯、热气球、走马灯就是利用这个科学原理制成的。

奇妙的液体

14 “害羞”的软木塞

甄知：你看，这个软木塞好“腼腆”啊！把它放在水中央，它却会偷偷溜到边上去。怎样才能让软木塞变得“勇敢”起来呢？

甄理：我知道该怎么办。

先来做点准备工作吧

1个玻璃杯、1个软木塞、水

开始行动吧

1 向玻璃杯中注水，让水面略低于杯口。

2 将软木塞小心地放在水面的中心处。软木塞仿佛害羞似的，慢慢地向杯子的边沿移动。

3 现在慢慢向杯中注水，让水面

略高于杯口，观察软木塞的变化。

观察现象

软木塞变得“勇敢”起来，慢慢移到水中央。

博士揭秘

本实验的现象与水的表面张力、重力、浮力等力的平衡有关。软木塞在水中受到多个力的共同作用，最终它会稳定在某个平衡点上。当水面低于杯口时，杯子边沿能够使软木塞稳定，当水面高于杯口时，水中央的最高点处可以让它稳定。

15 水走“钢丝”

甄知：你知道高空走钢丝表演吗?

甄理：知道呀，特别惊险刺激。

甄知：我们让水也走一走“钢丝”，同样会让你有新奇刺激的感觉。

甄理：水走“钢丝”? 我还是第一次听说，快试试吧。

先来做点准备工作吧

1 个塑料瓶、1 只碗、一根细绳、1 根小木棍、1 把剪刀、水

开始行动吧

1 用剪刀修剪小木棍的长度，使小木棍长度和塑料瓶的直径差不多。

2 将绳子系在小木棍中间，然后把小木棍放在塑料瓶中，并将木棍横过来卡在塑料瓶中。

3 向瓶中注水。

4 一只手拿着瓶子，另一只手拉紧绳子的另一端，放在碗底，用手指按住。

5 斜着拿起瓶子朝下倒水。

小提示

实验前，可以先将绳子浸湿，这样可以提高实验成功率。

观察现象

水顺着绳子倾斜着流向碗中，一滴也不会落在桌子上。

博士揭秘

水走“钢丝”的现象是如何产生的呢?

绳子上的水受到多个力：绳子表面与水之间的吸引力、水与水之间的黏附力及水的重力。在多个力的共同作用下，水沿着绳子流入到碗中。

16 自行“爬”出来的水

甄知：这个水桶中的水被施予了神奇的魔法。

甄理：我怎么看不出来，桶里面就是普通的水！

甄知：这里面的水可不一样，它能够自己从桶中“爬”出来。

甄理：真的吗？快来演示给我看！

先来做点准备工作吧

1 根 1 米左右的塑料水管、2 只水桶、水

开始行动吧

1 将一只水桶放在高处，注入一定量的水。

2 将另一只水桶放在稍低一些的地方。

3 将塑料水管一端放入高位水桶的水里，另一端用嘴巴含着并吸气，当感觉水已经到达嘴边时停止吸气，用大拇指将水管这端按住，以防水流回去。

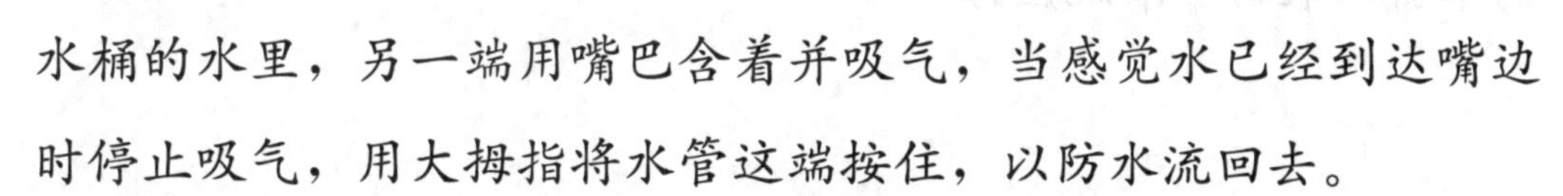

4 把大拇指按住的一端放到位置较低的水桶里，放开大拇指。

小提示

若身边没有塑料水管，可以将几根吸管用胶带连接起来代替，中间的那根吸管必须选用弯曲吸管。

观察现象

这时候，没有施加任何力，水会从高位水桶里“爬”出来，源源不断地流入另一只水桶中。

博士揭秘

用嘴巴把水吸出来时，水管内呈真空状态，大气压力将高位水桶里的水压入水管，灌满水管。放开拇指后，水管两端的水压不同，产生了压力差，这个压力差使得水管内的水越过高处，流入液面较低的水桶中。这种现象被称为“虹吸现象”。

小拓展

汽车司机可以利用虹吸作用，用软管从油桶中吸出汽油或柴油。

河南、山东等居住在黄河边的人们，会利用虹吸管把黄河里的水引入农田中灌溉庄稼。

17 层层叠

甄知：将水和油放在一起，油为什么会浮在水上面？

甄理：这是因为油的密度小于水的密度。

甄知：今天我们做个实验，把不同密度的液体叠在一起，看看会发生什么现象。

先来做点准备工作吧

1个玻璃杯、1只软木塞、1个塑料积木、1粒葡萄、糖浆、油、水

开始行动吧

1 将等体积的糖浆、水、油依次倒入玻璃杯中。

2 观察三种液体的状态。

3 依次将软木塞、塑料积木和葡萄放入玻璃杯中。

观察现象

等玻璃杯中的液体稳定后，可以看到明显的分层：糖浆在下层，水在中层、油在最上层。依次放入三种固体后，软木塞会浮在油上面，塑料积木会悬浮在油和水交界处，而葡萄悬浮在糖浆和水的交界处。

博士揭秘

糖浆、水、油的密度依次变小，所以玻璃杯中的液体会从下到上分为糖浆、水、油三个泾渭分明的层次。软木塞的密度小于油，塑料积木的密度大于油却小于水，葡萄的密度大于水而小于糖浆，所以它们会浮在不同的位置。

18 灰姑娘的“魔法”

甄知：是不是又偷偷把麦片中的蓝莓干和葡萄干挑出来吃了？

甄理：嘿嘿，我不喜欢吃麦片。

甄知：是用手到麦片里翻找水果干的吗？

甄理：是的。

甄知：我教你一个“魔法”，蓝莓干和葡萄干会自己跑出来。以后不要再用手到麦片里去找了，那样会把麦片弄脏的。

先来做点准备工作吧

1个空塑料瓶、沙子、黑豆、红豆

开始行动吧

1 将三四颗黑豆和红豆放入塑料瓶中。

2 将沙子放入塑料瓶中，盖住黑豆和红豆。

3 拧紧瓶盖，晃动塑料瓶。

观察现象

黑豆和红豆会自己“跑”到沙子表面。

博士揭秘

我们知道密度小的液体会浮在密度大的液体上面。其实，固体在某些情况下也会表现出类似的性质。黑豆和红豆与沙粒相比，体积大得多，但密度却小一些。经过摇晃，细小的沙粒钻到了黑豆和红豆的下方，不断把它们顶起来，最终将黑豆和红豆托到沙子表面。

小拓展

生活中，我们经常利用这种性质解决实际问题。比如，我们用簸箕去除稻米、小麦中的杂质和空壳，用筛子筛米去除糠皮等。

19 毛线钓冰块

甄知：我们来钓冰块吧！

甄理：嗯？我听说过钓鱼、钓虾，可没有听说过有人钓冰块的。

甄知：哈哈，那就更要试试了！

先来做点准备工作吧

1 只碗、1 根毛线、冰块、盐、水

开始行动吧

1 向碗中注入大半杯水，往里面放入一些冰块。

2 将盐撒在一个冰块的表面。

3 用手拎着毛线一段，把毛线另一段放在冰块上。

4 稍等片刻，试着拎一拎毛线。

观察现象

用手拎起毛线，可以把冰块从水中“钓”起来。

博士揭秘

盐可以降低水的凝固点。当盐被撒到冰块的表面后，冰开始融化，盐溶解在融化生成的水中，随水流走，盐浓度降低，水的凝固点升高，重新结冰，把毛线紧紧冻在冰块上面。这样，我们就能把冰块“钓”起来了。

小拓展

冬天时，人们往冰雪覆盖的路面撒盐，促使冰雪加快融化。不过，大量使用盐会对环境造成破坏，所以现在人们也用沙子和其他颗粒代替盐来融化冰雪路面。

20 瓶子里的云朵

甄理：你看，天上白云悠闲自在，飘来荡去，如果能拥有一朵这样的白云就好了。

甄知：嘿嘿，看我给你带了什么？

甄理：哇，是装在瓶子里的云！

先来做点准备工作吧

1 个大可乐瓶、1 块毛巾、冰块、热水

开始行动吧

1 将热水倒入大可乐瓶中，倒满为止。

2 等待几秒钟，然后将可乐瓶中约1/2的热水倒出。

3 将冰块放在可乐瓶口上，观察瓶子里的变化。

观察现象

一会儿，可乐瓶上方出现了云朵。

博士揭秘

可乐瓶上半部分充满了水蒸气，水蒸气靠近瓶口的冰块时，冷凝结成细小的水珠，这便是我们看到的云朵。

小拓展

自然界中的云是水汽凝结形成的。地表的水受热蒸发，水汽在上升过程中，温度逐渐降低，水汽附着在空气中悬浮的凝结核上，成为小水滴或小冰晶，它们聚集在一起，受上升气流的托举，飘浮在空中，成为我们见到的云。

21 让水沸腾的冰

甄知：你知道不用加热就可以让水沸腾的方法吗？

甄理：这上哪儿知道去。

甄知：告诉你，冰块也能让水沸腾！

甄理：哇，真有这么神奇？

先来做点准备工作吧

1个有瓶盖的玻璃瓶、1口锅、水、盐、碎冰块、燃气灶

开始行动吧

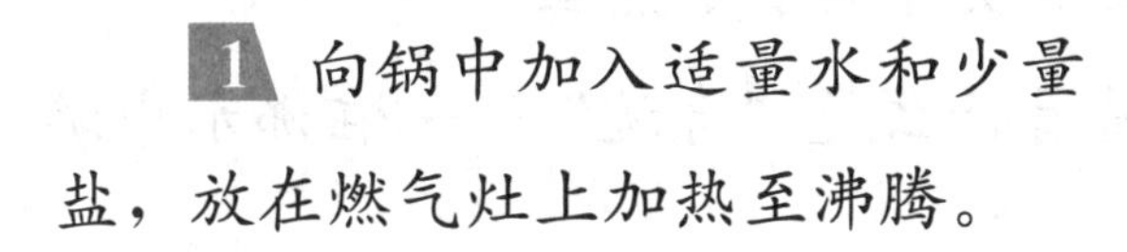

1 向锅中加入适量水和少量盐，放在燃气灶上加热至沸腾。

2 向玻璃瓶中加入半瓶沸水，并快速塞上瓶塞。

3 把瓶子倒过来，瓶口朝下。然后在瓶底放上一些碎冰块，观察瓶内水的变化。

观察现象

在瓶底放上冰块后，瓶内的水很快沸腾起来了。

博士揭秘

玻璃瓶内有半瓶水，另外半瓶为含有大量水蒸气的空气。瓶口朝下，碎冰放在瓶底时，能够降低瓶内空气的温度，空气中的水蒸气凝结成水，瓶内空气密度变小，气压降低。水在低气压下，沸点会降低，所以瓶内的水会沸腾起来。

小拓展

在我国的一些高原地区，因为海拔高，气压低，水的沸点较低。温度还未达到100 ℃时，水就会沸腾。因为水的沸点低，米饭无法煮熟，所以人们会使用高压锅煮饭。

22 沸水中游泳的小鱼儿

甄知：将鱼儿放在沸水中，它们还能游泳吗?

甄理：怎么可能，肯定变成美味的“水煮鱼”了!

甄知：呵呵，今天让你看看什么是“奇迹”——在沸水中游泳的小鱼儿。

先来做点准备工作吧

1条小鱼、1只大试管、1个试管夹、1支蜡烛、1盒火柴(或打火机)、水

开始行动吧

1. 向大试管中注入八九成满的水，将小鱼放入试管。
2. 用试管夹夹住试管，试管口朝上，并略微倾斜。

3 点燃蜡烛，对试管口附近的水加热。

4 等待试管里的水沸腾，观察试管中的小鱼。

观察现象

虽然试管口的水已经沸腾，但是试管底部的小鱼儿依旧在水中游来游去。

博士揭秘

水被加热后，密度变小，会向上流动。试管上方的水虽然沸腾了，但热水因为密度小，不会流到试管下方，试管下方的水温度并没有升高，所以小鱼依旧能自由自在地游来游去。

神奇的力

23 幸运硬币

甄知：看，我手上是一枚“幸运硬币”，它有着神奇的魔力。

甄理：它有着什么神奇的魔力啊?

甄知：这枚硬币可以放在一张竖立的纸上而不掉落下来。

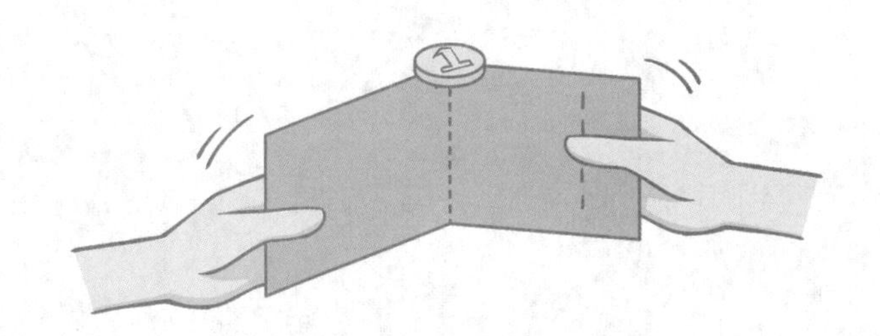

先来做点准备工作吧

1 张长方形的纸、1 枚硬币

开始行动吧

1 将长方形的纸对折，立在桌子上，在对折处上方放上一枚硬币。

2 抓着纸两端，小心地向两边拉开。

小提示

做这个实验时，尽量使用较厚的纸，拉动纸时速度要慢。

观察现象

当纸拉成一条直线时，硬币仍稳稳地“站”在纸上，不会掉下来。

博士揭秘

纸慢慢被拉开的过程中，会和硬币之间产生摩擦，摩擦力会使硬币的重心不断移动，以保持平衡。当纸被拉成直线时，硬币的重心也刚好落在纸所在的竖直面上，并不会掉下去。

24 漏洞不漏水

甄知：纸杯下面有小孔，水会从小孔中流出来吗?

甄理：肯定会的。

甄知：那如果水杯在下落的过程中，水还会从小孔中流出来吗?

甄理：这个我就不清楚了。

先来做点准备工作吧

1 个纸杯、1 把剪刀、水

开始行动吧

1 用剪刀在纸杯底部钻一个小孔。

2 用手指堵住小孔，向纸杯中注入半杯水。这时若移开手指，水会从小孔中流出。

3 用手指堵住小孔，将纸杯举到高过头顶，然后松开手让纸杯下落。

4 观察纸杯下落过程中，杯中的水有没有流出来。

小提示

本实验请选在户外空地进行。

观察现象

在纸杯下落的过程中，里面的水没有流出来。

博士揭秘

水和杯子在下落的过程中，都只受到重力的作用，所以纸杯和水下落的速度相同，因此水不会从杯子里流出来。

25 魔法绳

甄知：猜一猜，我用力拉绳子，是上面的细绳断开还是下面的细绳断开？

甄理：我猜上面的绳子断。

甄知：你看，下面的绳子断了。再给你一次机会，重新猜测一下，哪根绳子会断开。

甄理：那我猜下面绳子会断开。

甄知：真可惜，又猜错了。这次是上面的绳子断开了。

先来做点准备工作吧

5 枚 1 元硬币、1 卷胶带、2 根细绳

开始行动吧

1 将 5 枚硬币叠好，用胶带固定好。

2 硬币两端分别用细绳绑好。

3 双手分别拉住两根细绳，一根细绳在上，一根细绳在下。

4 让伙伴猜测哪根细绳会断。

小提示

请选用质地一般，可以用力扯断的细绳。

观察现象

哪根细绳会断，可以由自己控制。如果想让上面的细绳断开，慢慢拉下面的绳子，上面的绳子就会断；如果想让下面的绳子断开，迅速拉下面的绳子，下面的绳子马上就会断开。

博士揭秘

扯断哪一根绳子，和绳子的受力有关。如果想让上面的绳子断开，慢慢拉下面的绳子，上面的绳子除了受到拉力外，还有硬币的重力，比下面绳子受到的力大，所以会先断掉。如果想让下面的绳子断掉，需要快速用力地拉下面的绳子，因为下面的绳子所受的力还来不及传到上面，绳子就因为受力过猛而断开了。

26 鸡蛋立在杯沿上

甄理：昨天看一档“极限平衡挑战”节目，有个人把鸡蛋立在玻璃杯的杯沿上了。

甄知：这个难度的确不小。不过我们也可以依靠一点道具，轻松让鸡蛋立在杯沿上。

甄理：这怎么可能，我不相信。

先来做点准备工作吧

1 个软木塞、2 把叉子、1 个玻璃杯、1 个鸡蛋、1 把手工刀

开始行动吧

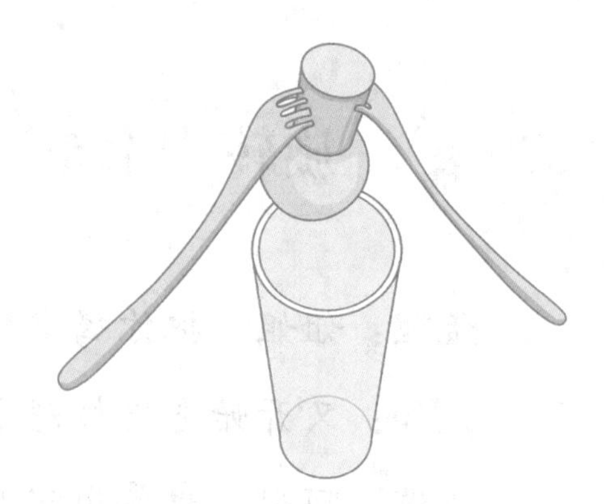

1 用手工刀在软木塞的一端挖一个凹面，尽量与鸡蛋的曲线吻合。

2 让软木塞的凹面向下，将两把叉子对称地插在瓶塞的左右两侧。

3 把鸡蛋放在玻璃杯的杯沿上，用手扶住鸡蛋，然后把软木塞放在鸡蛋上。

4 调整软木塞和鸡蛋的位置，观察鸡蛋是否可以立在杯沿上。

观察现象

慢慢调整鸡蛋和软木塞的位置，一定可以找到合适的位置，让鸡蛋立在杯沿上。

博士揭秘

鸡蛋为什么能立在玻璃杯的杯沿上？

软木塞、叉子和鸡蛋组成了一个平衡器，其重心及其支撑点刚好在一条重垂线上。当平衡器倾斜，重心偏离重垂线时，重力会立刻牵引其恢复原状，于是重心又回到重垂线上，从而保持平衡。于是，鸡蛋就可以稳稳地立在杯沿上了。

27 旋转“水车”

甄理：姐姐，把你喝空的牛奶盒给我下。

甄知：又开始奇思妙想了？

甄理：呵呵，我要用它做一个旋转水车。

甄知：这么厉害，快来展示一下。

先来做点准备工作吧

1 个牛奶盒、1 把剪刀、1 根细绳、水

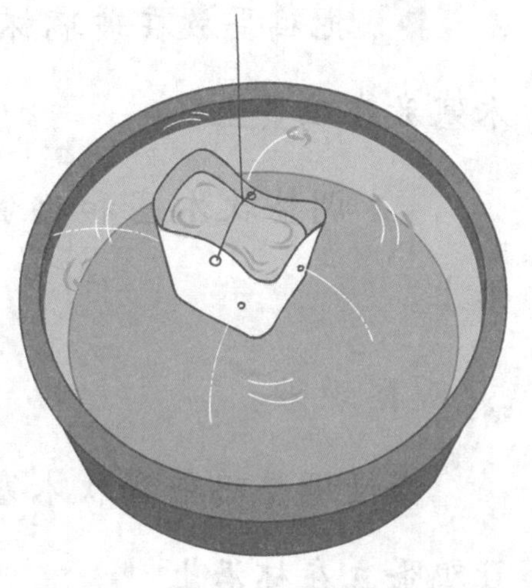

开始行动吧

1 用剪刀将牛奶盒顶部剪去。

2 用剪刀在盒子相对的两个面的上方中间位置，各扎一个小孔。将绳子穿过两个小孔，做成手拎绳。

3 在盒子四个侧面右下角处，用剪刀各扎一个小孔。

4 把盒子放入水池中，向盒中加满水。

5 用手拎起盒子上的绳子，观察盒子运动状态。

观察现象

用手拎起盒子时，4 个小孔喷出 4 股水流，盒子不停旋转

起来。

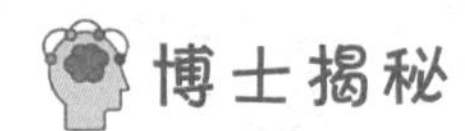

博士揭秘

水从盒子上的 4 个小孔中流出时，4 股水流产生的反冲力作用在盒子上，使得盒子转动起来。

28 看谁射得远

甄知：站在高处扔东西，是不是可以扔得更远一些？

甄理：是啊。

甄知：如果在一个盛满水的容器上钻三个高低不同的孔，是不是最上面的孔射出的水柱最远？

甄理：这个我还不能确定，我们做个实验观察一下吧。

先来做点准备工作吧

1 个空牛奶盒、1 把剪刀、1 个水桶、水

开始行动吧

1 用剪刀在牛奶盒的一侧，钻出 3 个高低不同的孔。

2 往水桶中注满水，将牛奶盒浸入水桶中，打开盒子的盖子，使盒子里面灌满水。

3 将牛奶盒从桶里取出来，观察水从孔中流出来的情况。

观察现象

最下方的水柱射得最远，最上方的孔中流出的水柱射得最近。

博士揭秘

水是有重量的，水越深，底部的水所承受的压力就越大。牛奶盒下端承受的水压最大，上端承受的水压最小，所以最下面的孔中射出的水柱最远，最上面射出的水柱最近。

29 玻璃球穿硬币

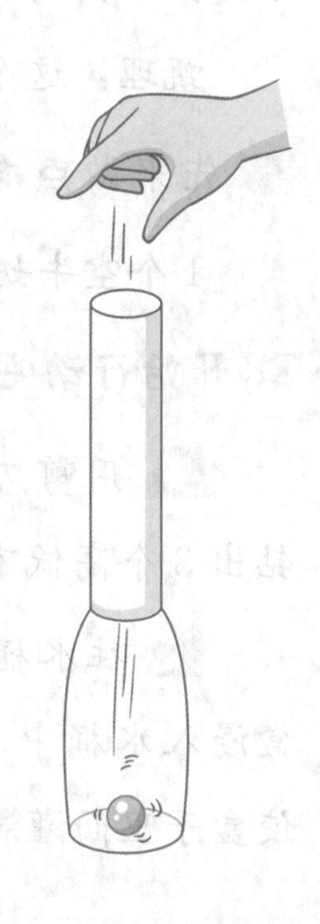

甄知：看我手中这个玻璃球，它有着神奇的能力。

甄理：什么能力？

甄知；它会“穿墙术”，

甄理：啊？穿墙术，我可不相信。

先来做点准备工作吧

1 枚硬币、1 个玻璃球、1 张 A4 纸、1 个玻璃瓶（瓶口直径略小于硬币直径，大于玻璃球直径）

开始行动吧

1. 将硬币放在玻璃瓶瓶口，盖住瓶口。
2. 把A4纸卷成直筒，竖直套在瓶口。
3. 把玻璃球从纸筒顶端放入。

小提示

纸筒高一点，实验较容易成功。如果用塑料瓶做这个实验，玻璃球和硬币碰撞的效果会减弱，不易成功。

观察现象

虽然瓶口盖着硬币，玻璃球却穿过硬币，落在瓶子里。

博士揭秘

玻璃球在重力作用下，从纸筒中下落，和硬币相撞，它们都会弹起来。这时硬币与瓶口间出现空隙，如果玻璃球刚好进入空隙，就会顺利地落进瓶子里。

30 冲得更高

甄知：弹性小球自由下落，它能弹回到原来的高度吗？

甄理：不能，运动过程中有能量损失。

甄知：你说得非常正确。但是我设计了一个“母子球”，可以让小球弹得比原来还要高。

甄理：那快给我演示吧。

先来做点准备工作吧

2 个橡皮球（大、小球各 1 个）、1 张纸、1 卷双面胶带、1 把剪刀

开始行动吧

1 用纸张做一个纸筒，纸筒直径比小球直径稍大一点。

2 将剪刀把纸筒一端剪成一根根的纸条，然后用双面胶带把纸条粘贴在大橡皮球上，以固定住纸筒。

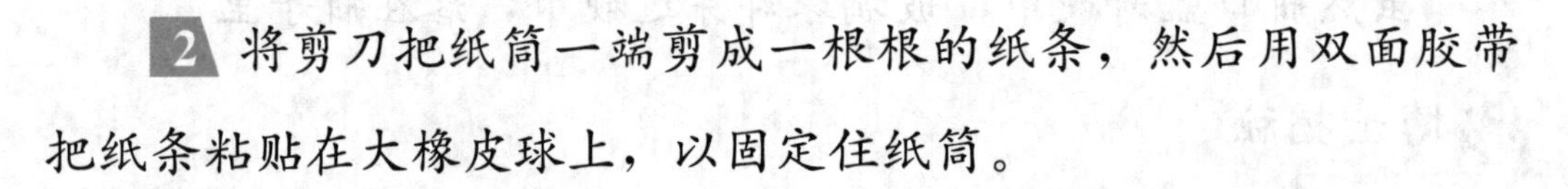

3 把小球放进纸筒，小球在上，大球在下。松开手，让两个弹性小球自由下落。

小提示

在硬地面上做这个实验，效果最好。

观察现象

大球着地后，小球飞快地弹起来，而且弹起的高度可以超过下落点的高度。

博士揭秘

小球从高处自由下落，碰触地面时会损失部分能量，所以弹起的高度会越来越低。两只球一起落下，大球着地弹起时，给了小球一个弹力，从而使小球获得额外的能量，这个能量补充了损失的能量，甚至超过损失的能量，因此小球会弹跳得更高。

大球越大，小球越小，小球跳起的高度越高。

31 硬币撞击

甄知：将几枚 1 元的硬币排成一列，然后用 1 枚硬币去撞击，会发生什么呢？

甄理：硬币应该会被撞出去吧。

甄知：如果用 2 枚、3 枚硬币去撞击，又会发生什么现象呢？

甄理：这个我不知道，不过我们可以来做这个实验。

先来做点准备工作吧

7 枚 1 元硬币、2 把直尺

开始行动吧

1 将 2 把尺子平行放在桌上，把 4 枚硬币排成一列，置于 2 把直尺中间。

2 用手指弹 1 枚硬币，让它去撞击排成一列的 4 枚硬币，观察有几枚硬币被弹出去了。

3 将4枚硬币排成一列，再用2枚硬币一起向前弹，观察有几枚硬币被弹出去了。

4 最后，尝试用3枚硬币去撞击4枚硬币，观察有几枚硬币被弹出去了。

观察现象

用1枚硬币向前弹时，只有最前面的那个硬币弹出去，其他3枚几乎没有移动。

用2枚硬币向前弹时，4枚硬币中最前面的2枚硬币会弹出去，其他2枚几乎没有移动。

用3枚硬币向前弹时，前面的3枚硬币会弹出，1枚硬币不动。

博士揭秘

这个实验可以用动量守恒定律来解释。动量等于物体质量与速度的乘积，在碰撞前后，动量保持不变。因此，一枚硬币撞击另一枚硬币，动量全部传递给对方，这样，撞击的硬币静止，被撞击的硬币弹出去。当一枚硬币撞击数枚硬币时，动量会一枚一枚地传递下去，最后一枚无法再传递此动量，它就会被弹出去。用2枚硬币和3枚硬币撞击，也是同样的道理。

变幻莫测的光

32 纸上看电视

甄知：我今天制作了一台新型电视机——白纸电视机。

甄理：白纸电视机？能看电视吗？

甄知：当然可以，只是看起来是反的。

甄理：那也很神奇啊！

先来做点准备工作吧

1 个放大镜、1 张白纸、1 台电视

开始行动吧

1 把屋子里的灯关掉，保持房屋黑暗。

2 打开电视，站在距离电视约 3 米远的地方。

3 一只手拿着纸，一只手把放大镜放在电视和白纸中间。

4 慢慢调整放大镜的位置，观察白纸上是否出现电视画面。

观察现象

慢慢调整放大镜的位置，电视画面可以清晰地投射在白纸上，不过图像很小，而且上下是颠倒的。

博士揭秘

电视发出的光穿过放大镜时，发生了折射，改变了传播方向，电视上方的光折射到白纸下方，电视下方的光折射到白纸上方。这样，电视影像经过放大镜投射到白纸上就上下颠倒了。

33 窗外的缩影

甄理：我刚才看书，发现有一个小孔成像现象。你能帮我设计个实验验证一下吗？

甄知：这会儿太阳正烈，你到树荫下看看那些光影，大部分都是圆形的，那就是小孔成像呀。

甄理：那还能通过实验验证下吗？

甄知：只需要一个纸箱子就能轻松验证了。

先来做点准备工作吧

1个硬纸盒、1张透明纸、1卷胶带、1把剪刀

开始行动吧

1 用剪刀把纸盒的一面剪下来，用胶带把透明纸贴在这一面上。

2 用剪刀在纸盒另一面的中间部位钻一个小孔，孔径不要太大。

3 小孔对准窗外，调整好距离，观察透明纸上影像的变化。

观察现象

透明纸上出现了窗外景物的影像，只是这个影像是上下颠倒的。

博士揭秘

窗外景物上部的光线沿直线传播穿过小孔，照在透明纸的下方；景物下部的光线沿直线传播穿过小孔，照在透明纸的上方，这样透明纸上就映出了景物上下颠倒的像。这种现象被称为小孔成像。

小拓展

阳光透过树叶的缝隙，在地上留下斑驳的光影。仔细观察光斑的形状，会发现它们大部分是圆形的，这些光斑其实是太阳通过树叶缝隙投射到地面的像，这是小孔成像的一个常见现象。

距今两千四百年前，墨子做了世界上第一个小孔成像的实验，解释了小孔成像的原因，指出了光沿直线传播的性质。

34 “困”在水中的光

甄知：光是沿直线传播的吗？

甄理：是啊。

甄知：下面的实验，肯定让你瞠目结舌，我可以让光沿着曲线传播。

甄理：这怎么可能呢？

先来做点准备工作吧

1只大可乐瓶、1个手电筒、1把剪刀、1只水盆、水

开始行动吧

1 用剪刀在距离可乐瓶底部

约 5 厘米高的地方钻一个小洞。

2 用手指堵住小洞，向瓶中注满水。

3 关掉屋内电灯，打开手电筒。

4 把可乐瓶放在水盆旁，手电筒置于大可乐瓶后方，用手遮住手电筒的部分光线，让光束变得细长，并使光束与瓶体垂直。

5 松开手指，观察光的传播方向。

观察现象

光会随水一起“流”出来，形成一道明亮的光线流。

博士揭秘

光为什么会被“困”在水中？

手电筒发出的光进入从可乐瓶流出的水后，无法发生折射，光全部被反射回水中，形成了全反射现象。光线在水中不断进行着全反射，最后就呈水流状，随水一起流出来。

小拓展

光导纤维是现代通信技术的重要材料，光纤通信利用的就是全反射现象。光在光纤中传播时发生全反射，只能在管道里前进，而不会泄露到光纤外。即使把光纤弯曲，光线也会循着管道从另一端射出。

35 墙上的彩虹

甄理：快来看，墙上有一道彩虹。

甄知：真好看。你是怎么做到的？

甄理：我来给你演示下。

先来做点准备工作吧

1 面镜子、1 个水盆、水

开始行动吧

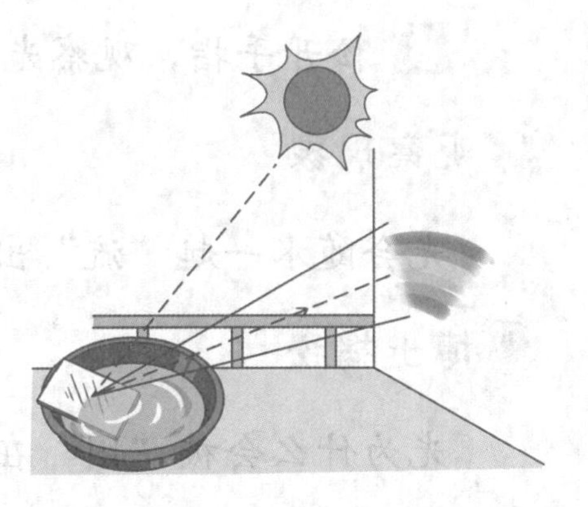

1 选择阳光明媚的一天，把水盆放在阳台上。

2 向水盆中加入一定量的水，然后把镜子的一半斜放在水中。

3 让阳光射在镜子上，调整镜子的角度，让光线能反射在墙壁上。

观察现象

当光线反射到墙壁上时，一道美丽的彩虹会出现在墙上。

博士揭秘

白色的太阳光由不同波长的光混合而成，不同波长的光颜色不同，折射率也不同。本实验中，不同波长的光在被镜子反射和水折射后，发生色散现象，分解成 7 种颜色，从而在墙上形成了彩虹。

36 看不见的硬币

甄知：我把硬币放在瓶子下面，注意观察，这枚硬币一会儿就会消失。

甄理：硬币会消失？这怎么可能。

甄知：不相信？那我们来试试看。

先来做点准备工作吧

1 只带有瓶盖的玻璃瓶、1 张白纸、1 枚硬币、水

开始行动吧

1 将硬币放在白纸上，把玻璃瓶放在硬币上，从玻璃瓶侧面能清楚地看到硬币。

2 向玻璃瓶中倒入少量水，从玻璃瓶侧面可以看到硬币上升了。

3 向玻璃瓶中倒满水后，盖上瓶盖，然后从玻璃侧面观察硬币是否还能看得见。

观察现象

从玻璃瓶侧面看过去，硬币不见了。

博士揭秘

我们之所以能看见物体，是因为物体发出的光或者反射的光进入了我们的眼睛里。

没加水时，硬币能将照射到它身上的光线透过玻璃瓶，反射到眼睛中，所以我们能清楚地看到它。加入水后，光穿过水时发生折射，硬币的影像会向上移动。

当瓶子加满水后，光要照射到硬币上，就必须穿过空气、玻璃和水，照射到硬币上的光线再经过玻璃、水和空气的多次折射和反射后，只有微量光线射入我们的眼睛。再加上射入水中的光线会有一部分在玻璃瓶底部发生全反射，造成反射光较强。这样，我们就感觉看不见瓶底的硬币了。

37 穿过细缝的光

甄知：光是沿直线传播的吗？

甄理：当然，这个谁都知道。

甄知：那光穿过狭窄的细缝时，也一定是沿着直线传播了？

甄理：那肯定也是。

甄知：这次可不一定了。

先来做点准备工作吧

2 支铅笔、1 盏日光灯、1 张白纸

开始行动吧

1 将两支铅笔靠在一起，铅笔间留一条细缝，细缝与日光灯平行。

2 把白纸放在铅笔下面，让铅笔的影子投在白纸上。

3 调整铅笔间的缝隙大小，当缝隙较宽时，灯光穿过细缝，形成了一条亮线。当缝隙较窄时，观察灯光穿过缝隙后的形状。

观察现象

当铅笔间缝隙变窄，灯光穿过细缝后，在白纸上形成了一片阴暗相间的条纹。

博士揭秘

光在传播过程中，遇到障碍物或窄缝、小孔时，会出现离开直线路径绕到障碍物阴影里去的现象，这种现象叫做光的衍射。本实验是一种单缝衍射，当光线通过狭窄的细缝时，会产生一片明暗相间的条纹。

小拓展

光的衍射分为狭缝衍射和小孔衍射，本实验属于狭缝衍射。当光穿过小孔发生衍射时，会出现明暗相间的圆形衍射光环。

38 写个镜像字

甄理：刚才我看了一个国外纪录片，发现里面救护车上的字母是反写的，是不是印刷错误啊？

甄知：不是印刷错误，是有意这样做的。这些字叫镜像字。

甄理：什么是镜像字？

甄知：就是通过镜子观看，里面的字就变正常了。救护车上的字是镜像字，是为了让司机通过汽车后视镜看清救护车标识，以便及时避让。

先来做点准备工作吧

1 面镜子、1 张白纸、1 支笔

开始行动吧

1 用笔在纸上写下你的名字。

2 将镜子放在名字的左侧，观察镜子中的字有什么变化。你会发现镜中的名字变为镜像字了。

3 将你在镜子中看到的写在纸上，再用镜子观察，看看有什么变化。

观察现象

将镜子放在字的左侧，镜子中的字变为镜像字了；再用镜子观察镜像字时，镜子里的字又恢复正常了。

博士揭秘

平面镜成像有一个特点，像和物大小相等，左右相反。当你将镜子放在名字左侧，想像将纸上的文字和镜子中的影像按镜子和纸的交线折叠，就会发现两者可以完全重合。

小拓展

如果你想写个镜像字，可以把白纸放在自己额头上，然后在上面写字，这样写出来的字就是镜像字了。

有些人习惯用“镜像书写法”写字，其中，最为著名的人物是意大利画家达·芬奇。他擅长左手写字，因为将羽毛笔由右向左拉过来写比由左向右推进写容易，而且不会将刚写好的字迹弄糊，所以，达·芬奇的很多作品，包括日记都运用了镜像书写法。

声音的奥秘

39 声音反弹

甄知：声音会像弹球一样，遇到障碍物时被反弹回去吗？

甄理：声音不是物体，应该不能反弹吧。

甄知：其实是可以的，我们可以通过一个实验来证实。

先来做点准备工作吧

2张纸、1只小闹钟、1本书、1卷胶带

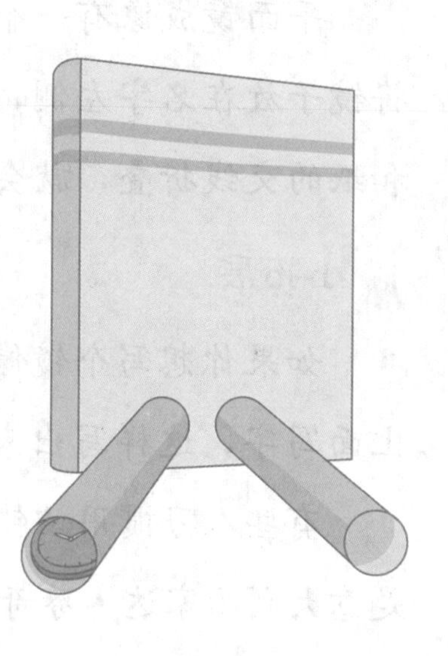

开始行动吧

1 把2张纸分别卷成2个纸筒，用胶带粘牢。

2 把2个纸筒放在桌上，摆成八字形，把书立在纸筒后面。

3 将闹钟放在1个纸筒的开口处。

4 捂住一只耳朵，另一只耳朵对准另一个纸筒的开口处。

观察现象

可以清晰地听到闹钟的滴答声，取走纸筒后方的书，闹钟的滴答声会减弱很多。

博士揭秘

声音以声波的形式在空气中传播，遇到障碍物可以被反射。实验中，纸筒后的书挡在了声波的传播方向上，把大部分声波反射回来，被反射的声波通过另一个纸筒，传入我们的耳朵中，于是我们就能听到声音了。取走纸筒后方的书，声波穿过纸筒后，向四面八方散开，传入耳朵的声音非常少，我们听到的声音就会减弱很多。

40 水球传音

甄知：我们为何能听到声音?

甄理：因为声音通过空气传播到我们耳朵里啊。

甄知：液体能传播声音吗?

甄理：好像是可以的。

甄知：下面我们来验证下液体能否传播声音。

先来做点准备工作吧

2 只气球、2 根细绳、水

开始行动吧

1 吹起一只气球，用细绳把气球口扎好。

2 将第二只气球的口套进水龙头，慢慢地注入水。当两个气球大小差不多时，停止注水，用细绳将气球口扎好。

3 将2只气球放在桌上，用手指敲击桌面。用耳朵分别贴在2只气球上倾听。

观察现象

盛水的球传出更加清晰的声音。

博士揭秘

声音是通过介质来传播的。通常情况下，声音在固体中传播速度最快、最容易，其次是液体，最后是气体。相对于空气，声音在水中更容易传播，因此，在水球上听见的声音更清晰。

电与磁的魔力

41 悬浮在空中的磁铁

甄知：你知道磁悬浮列车吗?

甄理：知道啊，列车悬浮在轨道上方，可以极大地提高运行速度。

甄知：现在我们也来制作一个悬浮在空中的磁铁吧。

先来做点准备工作吧

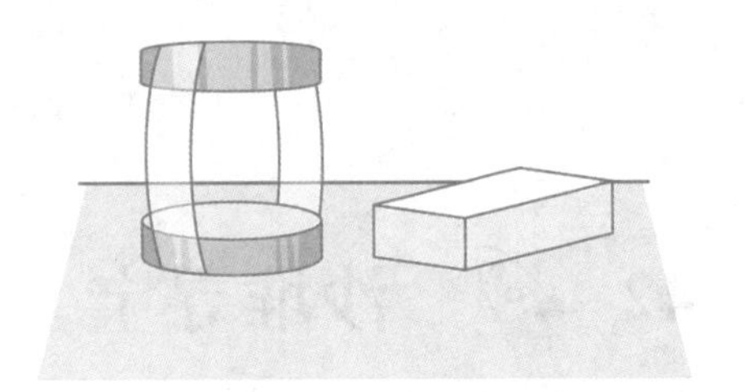

2 块磁铁、1 块橡皮、1 卷透明胶带

开始行动吧

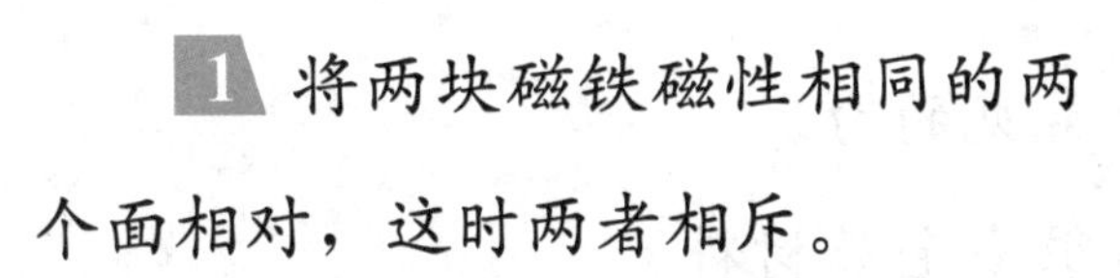

1 将两块磁铁磁性相同的两个面相对，这时两者相斥。

2 将橡皮夹在磁铁之间，然后用透明胶带将两块磁铁固定起来。

3 将固定好的磁铁放在桌上，抽出橡皮。

观察现象

上面的磁铁会悬浮在空中。

博士揭秘

磁铁具有“同极相斥、异极相吸”的特点。当两块磁铁同极面相对，会产生排斥力。这个排斥力大于磁铁的重力，它就会悬浮在空中。胶带阻止了磁铁的移动，否则磁铁会跳开，或者翻转过来吸在一起。

小拓展

磁悬浮列车是一种靠磁悬浮力来推动的列车，通过电磁力实现列车与轨道之间的无接触悬浮和导向，并利用直线电机产生的电磁力牵引列车运行。列车悬浮在空中，极大地减少了摩擦力，速度可达每小时 400 千米以上。

42 沙堆寻宝

甄知：磁力是我们生活中常见的力。

甄理：是的，磁铁能吸引很多金属材料。

甄知：磁铁产生的磁力是看不见的，但是磁场的磁力线却可以通过实验来观察。

甄理：太好了！

先来做点准备工作吧

1 块条形磁铁、1 个塑料袋、1 块硬纸板、1 堆沙子

开始行动吧

1 将磁铁放在塑料袋中，在沙堆中来来回回地搅动。

2 一会儿，磁铁会吸附许多细小的铁砂，这些铁砂吸附在塑料袋外侧。

3 把硬纸板放在塑料袋下方，从塑料袋中取出磁铁，铁砂掉在纸板上。

4 重复以上过程，可以收集到许多的铁砂。

5 将磁铁放在硬纸板下方，敲打纸板，观察纸板上方铁砂的变化。

观察现象

当磁铁放在硬纸板下方后，铁砂会有序地排列起来。

博士揭秘

铁砂里面含有铁元素，能够被磁铁吸引。把铁砂放在条形磁铁上方的硬纸板上，它们受到磁铁的吸引力作用，就会沿着磁铁的磁力线方向有序地排列。

43 徒手点灯

甄知：如果不用电，你能让日光灯管亮起来吗？

甄理：不通电灯管怎么亮？

甄知：今天这个实验就是要让日光灯管在不通电的情况下亮起来。

甄理：那可真是太神奇了！

先来做点准备工作吧

1根日光灯管、1个气球、1个塑料袋

开始行动吧

1 把气球吹起来，然后进入一个黑暗的房间。

2 将气球在头发上摩擦10秒钟，然后用气球靠近日光灯管的金属尖头叉部位，观察日光灯管的变化。

3 接下来，用塑料袋摩擦日光灯管的位置，观察日光灯管的变化。

小技巧

天气干燥时，比较容易起静电，也更容易把灯点亮。

观察现象

将与头发摩擦过的气球靠近日光灯管的金属尖头叉部位，日光灯管会亮起来。用塑料袋摩擦日光灯管的位置，被摩擦过的地方亮起来，而其他地方不会亮起来。

博士揭秘

通电后，日光灯管中低气压的汞蒸气释放紫外线，灯管中的荧光粉吸收紫外线后发出可见光，这是日光灯管通电后能发亮的原理。气球在头发上摩擦，或者用塑料袋摩擦日光灯管，都可以产生较高电压的静电。在静电的高电压激发下，日光灯管也能发出微弱的光。

44 尝尝电的味道

甄理：电有味道吗？我想尝尝电的味道。

甄知：你可真可爱，连电的味道都想尝。

甄理：我是真的好奇电的味道嘛。

甄知：那好吧，我们一起尝一尝电的味道。

先来做点准备工作吧

1把金属勺子、1张铝箔纸

开始行动吧

1 用舌尖分别舔一舔金属勺子和铝箔纸，不会有什么特殊的感觉。

2 把金属勺子和铝箔纸同时放在舌头上，也不会有什么特殊的感觉。

3 把手握端的金属勺子和铝箔纸接触，看看有什么感觉。

观察现象

当金属勺子和铝箔纸接触后，舌头会有微麻的感觉，同时还能感受到一种奇怪的味道，这就是电的味道。

博士揭秘

把两种不同的金属放在电解液中，就能形成电池。实验中，金属勺子和铝箔纸是两种金属，嘴巴里的唾液是电解液，这样就组成了电池。把手握端的两种金属接触，相当于接通了电池，形成了电流，于是舌头就能感觉到电的味道了。

45 屏蔽手机

甄理：我发现手机在某些场所是无法接收信号的。

甄知：这是因为信号被屏蔽了。

甄理：手机信号可以被屏蔽吗?

甄知：当然，我们马上通过实验演示下。

先来做点准备工作吧

2 部手机、1 张铝箔纸

开始行动吧

1 将一部手机放到桌子上，用另外一部手机呼叫它，手机铃响了。

2 用铝箔纸将被呼叫的手机严密地包裹起来，再次呼叫这部手机。

观察现象

再次呼叫这部手机时，手机无法接收到信号，不响了。

博士揭秘

手机无法接收到信号，是因为信号被铝箔纸屏蔽了。

无线电波无法穿透金属类导体。发射塔将无线电波发射到手机上，手机才可以和其他通信设备进行联系。但手机被裹上铝箔纸之后，发射塔发出的无线电波被铝箔纸屏蔽在外部，手机便无法接收到发射塔的信号了。

小拓展

无线电波是一种电磁波，微波炉就是利用电磁波加热饭菜的。微波炉中的微波会被一层金属皮挡在炉内，不会出来。一些歌剧院的墙壁上也覆盖了一层金属垫，这样可以屏蔽手机的信号，即使手机没有关机，也不会铃声四起。

燃烧三要素

46 烧不坏的手帕

甄知：这是一块普通的棉质手帕，但是，它却有一个不普通的能力。

甄理：什么能力？

甄知：这块手帕不怕火烧。

甄理：烧不坏的手帕，这怎么可能？

先来做点准备工作吧

1 块棉质手帕、1 只玻璃杯、1 把镊子、1 盒火柴（或打火机）、1 把勺子、酒精、水、食盐

开始行动吧

1 向玻璃杯中倒入 5 勺水和 5 勺酒精，加入半勺盐，搅拌均匀。

2 将手帕放入溶液中浸湿，用镊子夹住手帕，悬空。

3 点燃手帕，观察手帕的变化。

小提示

实验中，手帕表面温度很高，不要用手去触碰。

观察现象

手帕燃烧起来，发出黄色火焰。火焰熄灭后，手帕仍完好无损。

博士揭秘

手帕浸透了酒精和水的溶液，酒精易燃，被点燃后释放出热量，水吸收热量后变成水蒸气，带走了大量热量，手帕的温度没有达到着火点，无法燃烧，所以仍完好无损。实验中加入食盐，火焰会变为黄色。

小拓展

水变为水蒸气时会带走周围的热量。我们出汗后，风吹过来

会感觉很凉爽，就是因为汗液蒸发带走了身体的热量。

某些金属或者金属化合物在火焰灼烧时会使火焰呈现出颜色，这种现象称为焰色反应。利用焰色反应，我们在烟花中加入不同的金属，可以让焰火变得绚丽多彩。

47 “囚禁”火焰

甄知：相信吗？一把金属笊篱，就能把火焰“囚禁”起来。

甄理：“囚禁”火焰？

甄知：是的，火焰无法穿过这把金属笊篱。

甄理：这真是太神奇了！

先来做点准备工作吧

1支蜡烛、1把金属笊篱、1盒火柴（或打火机）

开始行动吧

1 点燃蜡烛，固定在桌面上。

2 把金属笊篱置于蜡烛火焰上方。

3 观察蜡烛火焰的情况。

观察现象

当金属笊篱放置在蜡烛火焰上方时，火焰像被囚禁起来，无法穿过滤网，只有燃烧生成的烟穿过滤网。

博士揭秘

火焰是燃烧着的气体发出的光和热，金属是热的良导体。金属滤网吸收了蜡烛火焰的热量，并迅速把热量传递到周围空气中。经过金属滤网后，蜡烛气体的温度达不到着火点，也就燃烧不起来了。

48 白糖燃烧了

甄知：白糖能燃烧吗？

甄理：好像不能。我记得白糖放在火上，会被熔化，然后发出烧焦的味道，但是不会燃烧起来。

甄知：其实，只要给白糖加点东西，它就能燃烧起来。

先来做点准备工作吧

1 只盘子、1 盒火柴、白糖、烟灰

开始行动吧

1 取少量白糖，放在盘子里，点燃火柴，将火柴放在白糖上，白糖无法燃烧。

2 往白糖上撒一些烟灰，接着点燃火柴，将火柴放在白糖的烟灰上，观察白糖是否燃烧。

观察现象

撒上烟灰后，白糖可以燃烧了。

博士揭秘

白糖遇火不易燃烧，但烟灰却可以帮助白糖燃烧。在白糖燃烧前后，烟灰本身并没有什么变化，只是起到一种催化作用，我们把烟灰称作白糖燃烧的催化剂。

49 蜡烛空管

甄知：火能在水下燃烧吗？

甄理：怎么可能呀，水可是克火的。

甄知：一切皆有可能哦，我们来试试吧！

先来做点准备工作吧

1支短蜡烛、1盒火柴（或打火机）、1只碗、水

开始行动吧

1 点燃蜡烛，将蜡烛固定在碗底。

2 在碗中加入冷水，让水面与蜡烛顶端持平。

3 观察蜡烛燃烧到最后会出现什么情景。

观察现象

蜡烛逐渐燃烧到水面以下，并且会生成一个极薄的蜡壁保护烛芯火焰不被水熄灭，直到最后形成一个蜡烛空管。

博士揭秘

蜡烛燃烧时，水吸收了蜡烛燃烧的热量，使得蜡烛外壁无法被熔化，形成一圈防水层，保护烛焰不被水浸湿，从而出现蜡烛在水面下方燃烧的现象。最后，蜡烛会变成一个薄薄的空筒。

50 隐形书信

甄理：我想给好朋友写一封信，但是不想被其他人看到。

甄知：这个简单啊，写封隐形书信就可以了。

甄理：隐形书信？太好了，快来教教我。

先来做点准备工作吧

1个柠檬、1张白纸、1支毛笔、1个酒精灯、1个玻璃杯、1把小刀、1盒火柴（或打火机）

开始行动吧

1 往玻璃杯中倒入少量水，切开一个柠檬，往杯里挤入几滴柠檬汁。

2 用毛笔蘸柠檬水，在白纸上写下几句话。

3 等白纸上的柠檬水晾干后，字就“隐身”了。

4 点燃酒精灯，把写过字的白纸放在火上烤一会儿。

小提示

在酒精灯上烤纸张的时候，要注意别点着纸张。

如果身边没有酒精灯，可用蜡烛代替。

观察现象

很快，白纸上的字就变成褐色，隐身的信“现身”了。

博士揭秘

柠檬汁的着火点比较低，在火上烘烤时，纸还没有被烧着，柠檬汁已经达到着火点变成褐色，所以字迹就会清晰地显现出来。

物质间的反应

51 洞穿泡沫塑料

甄理：我需要在这个泡沫塑料上钻个洞。

甄知：这个简单，请把柠檬拿给我。

甄理：难道柠檬汁可以腐蚀泡沫塑料板？

甄知：不是柠檬汁，是柠檬皮汁。

先来做点准备工作吧

1 只一次性泡沫塑料盒、1 个柠檬

开始行动吧

1 将一次性泡沫塑料盒放在桌上，挤几滴柠檬皮的汁液在塑料盒上。

2 等待片刻，观察塑料盒的变化。

观察现象

滴了柠檬皮汁地方的泡沫塑料慢慢溶化了，形成一个小洞。

博士揭秘

柠檬皮的汁液里含有许多的酯类物质和其他有机物，这些化学物质可以溶解泡沫塑料。这些化学成分不仅存在于柠檬皮中，许多柑橘类水果的果皮也含有类似的成分。

52 橙皮“喷火器”

甄理：今晚的烟花真漂亮！可惜眨眼间就消失了。

甄知：那我们做个简易烟花，让你每天都能看见烟花。

甄理：容易吗?

甄知：是的，只需要把你吃完的橙子皮留下就行了。

先来做点准备工作吧

1 支蜡烛、1 个橙子、1 盒火柴（或打火机）

开始行动吧

1 在一间黑暗的屋子里，点燃蜡烛。

2 剥开橙子，把橙皮靠近烛火，用力挤压橙皮。

3 观察橙皮喷出的汁液遇到烛火时的变化。

观察现象

当橙皮汁液喷到烛火上时，火焰瞬间变大，并发出“噼啪”的爆裂声，还能看见迸射出的小火花。

博士揭秘

橙子表皮中含有丰富的芳香精油等易燃的有机物。用力挤压时，油从表皮中喷出来，遇到烛火后燃烧，火焰变大，迸射出明亮的小火花。

橘皮、柠檬皮也含有类似的化学成分，可以替代橙皮做实验。

53 橘皮汁爆气球

甄理：姐姐，今天我要考考你。

甄知：考什么啊？

甄理：用这个橘皮把气球弄爆，但是橘皮不能碰到气球。

甄知：这个考题有点难度啊，让我思考思考。

先来做点准备工作吧

1 块新鲜橘子皮、1 个气球、1 根细绳

开始行动吧

1 把气球吹起来，尽量吹大一些，然后用细绳将气球口绑好。

2 将气球放在桌子上，在接近气球1厘米处挤压橘皮，使橘皮汁喷到气球上。

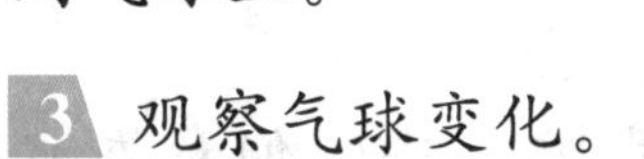

3 观察气球变化。

观察现象

气球接触到橘皮汁后，瞬间就会发生爆炸。

博士揭秘

橘子表皮上坑坑洼洼的疙瘩是油脂腺，里面有很多芳香精油。这些物质能溶解气球表层的橡胶，使气球表层变薄，承受的压力变小，引发爆炸。

橙皮汁也能使气球爆炸。但橘子汁、橙汁对气球无效。

54 水中跳舞的火柴

甄知：见过水中芭蕾吗?

甄理：当然见过，非常漂亮!

甄知：今天我给你施展个魔法，让火柴来个“水中芭蕾”。

甄理：哇，好神奇！

先来做点准备工作吧

3根火柴、1瓶万能胶、1只水盆、水

开始行动吧

1 在水盆中注入水。

2 分别给3根火柴头上涂一层万能胶，将它们放在水盆的清水中。

3 等待几分钟，观察火柴的变化。

观察现象

火柴会突然直立在水中，然后一摇一摆地跳起舞来，大概半分钟后，漂在水面上不动了。再耐心等待一会，它们又会跳起“舞”来。

博士揭秘

万能胶与火柴头上的磷发生反应，会产生一种气体。气体在火柴头处越聚越多，使火柴棒在水中直立起来。当气体挥发时，火柴棒便会被带动着跳起舞来。气体挥发完，火柴棒就不再动了。过了一会儿，气体重新聚集起来，火柴棒又一次跳起舞来。

55 食盐晶体亮晶晶

甄理：这本科普书上介绍了好多晶体，它们真是太美了！

甄知：是啊，自然界有许多美丽的晶体。

甄理：可惜我还没有亲眼看见过。

甄知：这个简单，我们亲手制作晶体吧。

先来做点准备工作吧

1只玻璃杯、1个圆盘、食盐、水

开始行动吧

1 将玻璃杯中注入一定量的水，加入食盐，并不停搅拌，直到食盐无法继续溶解。

2 将饱和食盐水倒入圆盘，放置在阳光能够照耀到的地方。

3 不要晃动盐水，耐心等待几天，观察盐水的变化。

观察现象

盐水逐渐蒸发，圆盘里会析出方方正正的食盐晶体。这些晶体没有经过人工切割，却都有着完美的直角。

博士揭秘

盐水中的水分慢慢蒸发，食盐无法跟着水分蒸发，于是慢慢析出，形成食盐晶体。食盐晶体中的氯原子和钠原子排列成一种“面心立方晶格”构造，这种晶体构造有着完美的直角。

小拓展

也可以用食用的白糖来制作糖晶体。

生物的奥秘

56  闪现的“灰点”

甄知：弟弟，过来看看这张神奇的图片。

甄理：这张图片没有什么神奇的啊？

甄知：你仔细看，能看到一些不断跳跃的“灰点”。

甄理：咦？真的有“小灰点”啊！

开始行动吧

1 凝视左图中的一个黑色格子，会发现在白线条的交叉点上出现灰点，不断闪现跳动。

2 凝视右图中的一个白色格子，灰点又出现了！

3 直视某个交叉点上的灰点，看看你的眼睛是否能捕捉到它。

观察现象

当凝视某个交叉点上的灰点时，它会立刻消失，但其他交叉点上的灰点仍然在“游荡”。

博士揭秘

黑色和白色是互补色，白色与黑色相邻时，白色会变得更白，黑色会变得更黑，两者同时出现在一个画面上时，有时会出现“无中生有”的视觉错觉。本实验中，在白线条的交叉处，白色与白色叠加，让人产生一种深于白色的错觉，那就是灰点。而在黑线条与黑线条相交的地方，会产生浅于黑色的灰色。当直视某个交叉点时，这里的影像落在眼睛的中心，此处比边缘的视觉神经细胞能更好地分辨出白色和黑色的差异，灰点就立刻消失了。

57 一指“定身”

甄知：坐在椅子上，我来施展定身法了！

甄理：咦，我为啥站不起来了？

甄知：哈哈，我厉害吧！

甄理：佩服佩服，真神奇。

先来做点准备工作吧

1把椅子

开始行动吧

1 让伙伴坐在椅子上，上半身稍稍向后仰。

2 你用食指顶住他的额头，不许他身体向前倾。

3 让伙伴试着站起来。

观察现象

无论如何努力，对方都无法站起来。

博士揭秘

人要从椅子上站起来，首先上半身要前倾，身体的重心前移，只有当重心移到一定位置时，才能站起来。头部一旦被手指顶住，身体无法前倾，重心不能前移，就无法站起来了。

58  “贪财”的无名指

甄知：你信不信你的无名指很“贪财”？

甄理：手指又不是人，不可能！

甄知：思维定式了吧，不信你来试试。

先来做点准备工作吧

3 枚硬币

开始行动吧

1 请你双手合十，两根中指向内侧弯曲，中指的第 2 个关节并拢，食指、无名指和小指尖对碰在一起。

2 请伙伴帮忙把 3 枚硬币分别放到食指、无名指和小指的中间。

3 保持中指的第 2 个关节靠拢，依次放开夹在食指、小指和无名指之间的硬币。

观察现象

食指和小指能轻易分开，但是无论怎样用力，“贪财”的无名指都不肯松开。

博士揭秘

无名指是不能独立于其他手指而单独行动的，因为手部韧带把它和其他手指连在一起，尤其是中指。当中指向下弯曲并被固定时，无名指就无法动弹，因此也就无法放开硬币。

59 夹不住的纸币

甄知：敢不敢夹 100 元的纸币，夹到就是你的，夹不到你就给我五块钱。

甄理：夹就夹。呃……没夹到。

甄知：嘿！拿来吧。

先来做点准备工作吧

1 张 100 元纸币

开始行动吧

1 用手捏住纸币，纸币放在伙伴张开的食指和中指中间位置，他的手指不能碰触到纸币。

2 松开手，让纸币落下。

3 当伙伴看到纸币开始下落，立刻用手指去夹。

观察现象

除非侥幸，否则几乎是不可能夹住这张纸币的。

博士揭秘

眼睛看到纸币下落，把信息传输给大脑，大脑做出判断，最后下达命令让手指去夹，这一过程需要一定的反应时间。人类的反应时间平均为0.2秒。在0.2秒内，纸币自由落体下降的距离约为20厘米。因此，我们很难抓到长度不到16厘米的100元纸币。

小拓展

把细长纸条分成同样大小的7格，每格涂上不同的颜色。受试者在纸条下落时，尽快用拇指和食指抓住纸条。抓住点越低，说明反应越快。

60 手臂“变短”了

甄知：你赶紧来看，我的手臂变短了！

甄理：我来试试。真的呀，我的也变短了。这是为什么呀？

开始行动吧

1 面对墙壁站立，伸直手臂，手指指尖刚好触到墙面。

2 保持手臂伸直的状态，向下摆动手臂至身体后方，然后再恢复原位。

3 看看手指尖还能碰触到墙壁吗。

观察现象

手指尖已不能触到墙壁了。难道手臂真的缩短了？

博士揭秘

手臂并没有真的变短。当手臂摆过身体后侧时，身体会不自觉地向后倾斜。所以当你再次向前摆回手臂时，身体无法恢复到原来的位置。现在请你再试一次。尽管你已经知道会发生什么，但却无法避免的，手臂又“缩短”了！

61 抬不起来的左脚

甄知：我在你的左脚上施了“魔法”。

甄理：呵呵，可是我没有什么感觉。

甄知：跟着我做动作，你会发现左脚抬不起来。

甄理：真是太神奇了！

开始行动吧

1. 右脚紧贴墙壁站立。
2. 保持这个姿势，然后尝试着抬起左脚。

观察现象

左脚根本无法抬起来。

博士揭秘

本实验和“一指‘定身’”的科学原理相似。人要抬起左脚，必须将身体的重心右移。但在这个实验中，身体右侧刚好被墙壁抵住了，重心无法右移，所以左脚无法抬起来。

62 细线威力大

甄知：不仅手指可以“定身”，细线也可以。

甄理：真的吗？我不信。

甄知：那我做给你看！

先来做点准备工作吧

1 根半米长的细线

开始行动吧

1. 让伙伴仰面平躺在地上。
2. 用双手拉直细线，将中间一段放在他的嘴唇上方。
3. 让伙伴尝试着站起来。

观察现象

他无法站起来。

博士揭秘

嘴唇上方、鼻子下方的区域分布着丰富的痛觉神经细胞。当我们试图抬起头时，细绳会压迫这个区域，让人疼痛难忍。

小拓展

在过去，人们为了驯服饲养的牛，往往会在牛鼻子下方的痛觉敏感区穿一个环，这样它就会老老实实地跟着主人走了。

63 感觉到几支笔

甄知：这是几支笔？

甄理：两支啊！

甄知：那你现在感受到了几支？

甄理：咦，怎么感觉不出来了？

先来做点准备工作吧

2 支铅笔

开始行动吧

1 分别用 1 支铅笔的笔尖和 2 支铅笔的笔尖轻轻接触伙伴的手指，他能清晰地分辨出有几支铅笔。

2 用 1 支铅笔和 2 支铅笔的笔尖分别去碰触伙伴的背部，让他猜猜有几支笔。

小提示

2 支铅笔的笔尖要贴近，距离不能远。

铅笔不要太尖，碰触皮肤时不能太用力，以免刺伤皮肤。

观察现象

当用笔尖碰触背部时，无法分辨出有几只笔。

博士揭秘

身体不同部位分布的神经细胞的数量是不同的。手指上的神经细胞非常密集，而背部的触觉神经细胞较稀疏，所以感觉会有一些差异。

小拓展

我们可以用上面的实验去验证各个部位的感觉。你会发现我们的脸颊、舌头、手臂、胳膊、腿上的感觉与手指存在着差异。

我们也可以用 2 支贴得很近的铅笔尖碰触身体的某一部位，逐渐分开笔尖，根据感受到两支笔尖分开距离的长短，就能判断此处皮肤神经细胞是多还是少。

64　树叶的“防水衣”

甄知：下雨了，赶紧回家！我们没穿雨衣没撑伞，肯定会被淋成“落汤鸡”！

甄理：那花园里的小树苗怎么办？

甄知：别担心，它们自有妙计。

先来做点准备工作吧

2 片树叶、1 瓶洗涤液、水

开始行动吧

1 在一片树叶上滴几滴水。

2 在另一片树叶上涂上一些洗涤液，然后滴几滴水。

观察现象

没有涂抹洗涤液的树叶上形成了水珠，轻轻一碰，水珠就沿着叶面滑落下去。而用洗涤剂涂抹过的树叶上没有形成水珠。

博士揭秘

树叶上覆盖着一层薄薄的蜡质，这就是叶子的“防水衣”。落在树叶上的雨水会形成水珠，从叶面滚落。涂抹了洗涤液后，树叶的蜡质层遭到破坏，无法形成水珠。

小拓展

雨水在树叶上聚成水珠，当水珠从叶面滑落时，可以冲洗掉叶子上的灰尘和污物。这就是雨后的树木为何更加青翠的原因。

植物叶子表面有蜡质层，是植物长期进化过程中生成的一种自我保护特性。蜡质层可以减少水分的蒸发，也可以防止害虫和病菌的侵袭。不过，并不是所有的植物的叶子都有蜡质层。

65 植物也“流汗”

甄知：天气好热，植物会和我们一样流汗吗？

甄理：我现在是一身汗，但我不知道植物会不会流汗。

甄知：那我们做个实验来看看吧。

先来做点准备工作吧

1 盆植物、1 个塑料袋、1 根细绳

开始行动吧

1 在炎热的夏日正午，把植物放在阳光充足的地方。

2 给植物浇水，保持盆内土壤水分充足。

3 用塑料袋把植物的一些枝叶罩起来，用绳子把塑料袋口扎紧。

4 等待几个小时，观察塑料袋中是否有水珠。

观察现象

几个小时后，塑料袋里面出现了许多水珠。

博士揭秘

这种现象是植物的蒸腾作用导致的。植物的叶片上有许多气孔，水分以水蒸气的形式通过这些气孔散发到大气中。气温越高，植物向外散发的水分就越多。这些水蒸气在塑料袋中冷凝，结成小水珠，就像植物流出的“汗”。

小拓展

蒸腾作用是植物吸收和运输水分的主要动力，植物需要的矿物质也随水分的吸收和流动而被吸入和分布到植物各部分中去。

66 慧眼辨橘

甄知：不用剥开橘皮，你能准确说出橘子的瓣数吗？

甄理：我没透视眼。你行吗？猜对了这个橘子归你。

甄知：橘子肯定是我的了！我猜有 8 瓣。

甄理：剥开看看，真是 8 瓣！快教教我方法吧！

先来做点准备工作吧

5个新鲜橘子

开始行动吧

1 从5个橘子中任意挑选一个，并确认橘皮完好无损。

2 把橘子放在自己手心，摘下橘子的蒂，橘子蒂的地方有白色的点，准确数出白点的个数，这个数就是橘子的瓣数。

3 撕开橘皮，验证一下橘瓣数是否相同。

观察现象

橘子蒂部位的白色点数和橘瓣数是相同的。

博士揭秘

植物的果实是由花的雌蕊中的子房发育而成。橘子的子房有多个心皮，每个心皮对应一个橘瓣。橘子蒂部位的每个白点对应一个心皮，因此白点的个数和橘瓣的个数是相同的。

67 马铃薯条变软了

甄理：书上说，马铃薯条放在盐水中，会变软，还会慢慢变短，是真的吗?

甄知：这个我也不清楚。

甄理：那我们来研究下吧。

先来做点准备工作吧

1 个马铃薯、1 把小刀、2 只碗、盐、水

开始行动吧

1 向两只碗中倒入少量水，并在一只碗里加入一些盐。

2 用小刀切两根粗细、长短相同的马铃薯条，把它们分别放进两只碗里。

3 等待一会儿，取出两根马铃薯条，观察马铃薯条的变化。

观察现象

泡在盐水中的马铃薯条变软了，而且也变短了，而清水中的马铃薯条变得比原来更硬了。

博士揭秘

植物细胞具有渗透作用，水会通过半透膜，从低浓度的溶液进入高浓度的溶液中。放在盐水里的马铃薯条，它细胞液内的盐的浓度比水中的小，所以马铃薯中的水进入盐水中，马铃薯条因脱水而变软变短。反之，放在清水中的马铃薯条，它的细胞液内的盐的浓度大于清水中的，所以它会吸收更多的水分，从而变得更硬。

神秘的空间

68 奇妙的锁链

甄知：你在想啥呢？

甄理：我在思考沿着莫比乌斯带的中线把纸带剪开，它会有什么改变，会一分为二吗？

甄知：想不如做呀，我们一起来试试。

先来做点准备工作吧

1 个莫比乌斯纸带、1 把剪刀

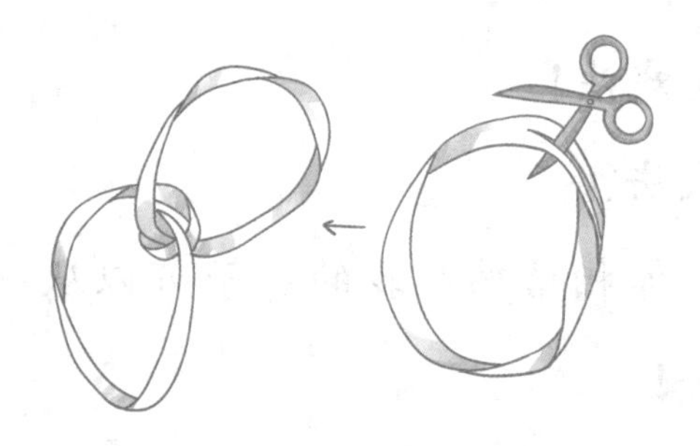

开始行动吧

1 把莫比乌斯纸带捏一下，从中间开始剪一条缝，然后用剪刀伸入缝中开始剪，直到最后剪到起点位置。

2 纸带剪完后，观察下莫比乌斯环变成了什么形状。

观察现象

莫比乌斯环没有被一分为二，而是变成了一个大纸环。

博士揭秘

这和莫比乌斯环特殊的立体几何结构有关。因为莫比乌斯带没有所谓的正反面，从起点开剪再回到起点结束，就会变成比原来的 8 字形圆圈大一倍的圆圈。

小拓展

接着从大纸环的中间剪一条缝，沿着中缝一直剪刀最后，纸环会变成两个扣在一起的链形。

69 身体穿过小卡片

甄理：我会变戏法！

甄知：什么戏法？

甄理：嘿嘿，你相信吗？我的身子可以从一张不足巴掌大的小小卡片里穿过去！

甄知：我才不信，你做给我看！

先来做点准备工作吧

1 张卡片、1 把剪刀

开始行动吧

1 把卡片剪成长 5 厘米、宽 3 厘米的长方形。

2 将卡片对折一下，然后按图所示，用剪刀依次把纸剪开。

3 展开卡片，会得到一个巨大的纸环，身体可以尝试穿过这个纸环。

观察现象

这个纸环足够身体轻松穿过。

博士揭秘

不足巴掌大的卡片，只要裁剪合理，就能够得到一个很长的环，足够穿过比身体还要大的物体。

70 钩住的回形针

甄知：你相信吗？回形针会相互吸引，自动钩住。

甄理：这怎么可能？它们又不是吸铁石。

甄知：哈哈，让我带你见证奇迹时刻！

先来做点准备工作吧

2枚回形针、1张纸

开始行动吧

1 将纸裁成三四厘米宽的纸带。

2 将纸带弯成“S”形，如图中所示，在图示的两个地方分别用回形针固定。

3 双手快速拉动纸带的两端，观察回形针的变化。

小提示

拉动纸带时，速度一定要快，速度较慢会导致实验失败。

观察现象

用双手快速拉动纸带两端，两个回形针会奇迹般地钩在一起。

博士揭秘

这是曲度转移的拓扑现象。当纸带被快速拉直时，纸带所完成的“S”形曲度被转移到回形针上了。